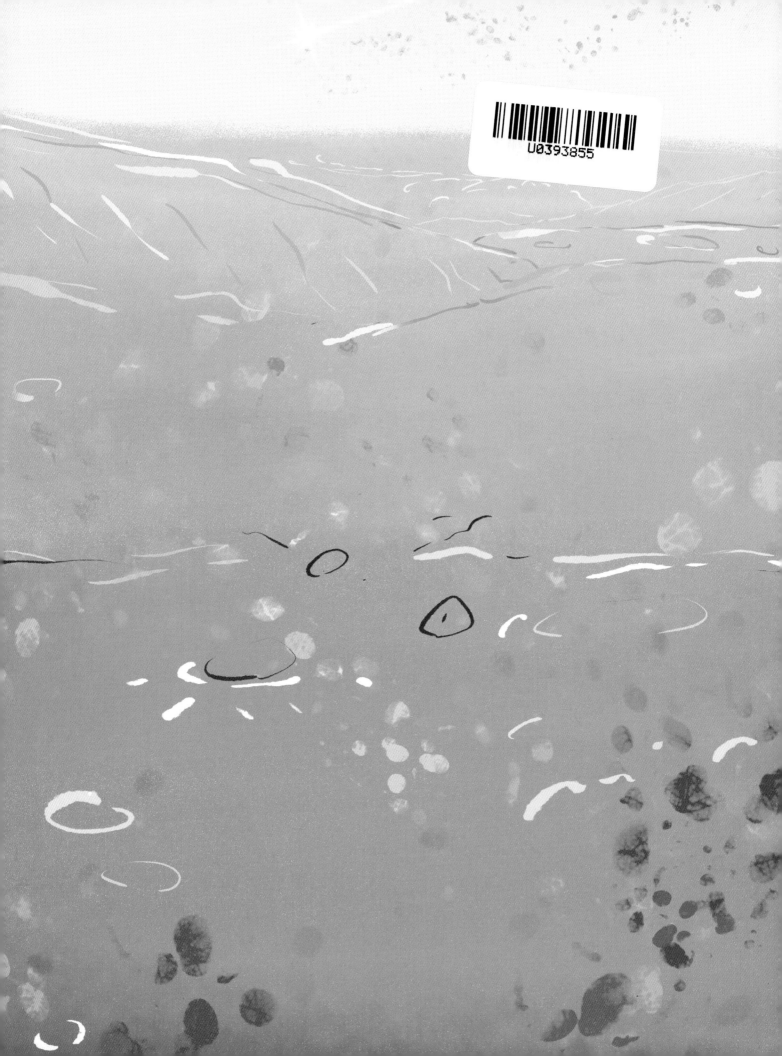

图书在版编目（CIP）数据

了不起的祝融号 / 贾阳著 . -- 济南：山东科学技术出版社，2024.4

ISBN 978-7-5723-2008-8

Ⅰ . ①了… Ⅱ . ①贾… Ⅲ . ①火星探测器 – 中国 – 普及读物 Ⅳ . ① V476.4-49

中国国家版本馆 CIP 数据核字 (2024) 第 057273 号

了不起的祝融号

LIAOBUQI DE ZHURONG HAO

责任编辑：刘玉莹　刘婷钰

排版制作：王　燕

主管单位：山东出版传媒股份有限公司

出　版　者：山东科学技术出版社

　　　　　地址：济南市市中区舜耕路 517 号

　　　　　邮编：250003　电话：（0531）82098030

　　　　　网址：www.lkj.com.cn

　　　　　电子邮件：jiaoyu@sdkjs.com.cn

发　行　者：山东科学技术出版社

　　　　　地址：济南市市中区舜耕路 517 号

　　　　　邮编：250003　电话：（0531）82098067

印　刷　者：济南新先锋彩印有限公司

　　　　　地址：济南市工业北路 188-6 号

　　　　　邮编：250101　电话：（0531）88615699

规格：16 开（215 mm×280 mm）

印张：4　字数：8 千

版次：2024 年 4 月第 1 版　印次：2024 年 4 月第 1 次印刷

定价：68.00 元

了不起的祝融号

贾 阳 著

星筠兔 绘

山东科学技术出版社

·济南·

目录

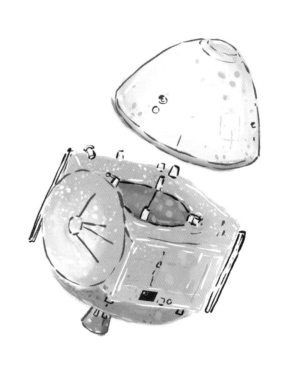

初识火星

　　夜晚，在繁星之中，火星很容易引起人类先民的注意。它是暗红色的，在恒星的背景之上，时而向东运动，时而向西运动，行踪诡异，在有文字记载的古代文明中留下了很多关于火星的记录。

　　在中国古代，火星被称为"荧惑"，"荧荧火光，离离乱惑"至少包含两个方面的意思。首先是颜色，火星呈暗红色，时亮时暗，荧荧如火。其次是火星在天空中运行的轨迹，大多数时候是自西向东运行，但有一些特殊的时候，它运行的方向恰好相反，在恒星的背景上自东向西逆行，这种奇怪的现象，给古人带来了疑惑。

古代

4

现代

小贴士

常用天文学符号

⊙	☿	♀	☽
太阳	水星	金星	月亮
⊕	♂	♃	♄
地球	火星	木星	土星
♅	♆	♇	
天王星	海王星	冥王星	

近代

火星的两个"月亮"

火卫一"福波斯"

火卫二"德莫斯"

1877 年，火星和地球之间的距离非常近，激发起人类观测火星的一次高潮。美国人霍尔使用当时世界上最大、最先进的 26 英寸（66 厘米）折射望远镜观察火星，发现火星周围的小点竟然是环绕火星旋转的，原来火星也是有天然卫星的，而且是两颗，它们分别被命名为"福波斯"及"德莫斯"。

小贴士

这两颗卫星形状奇特，可能是被引力捕获的小行星，而且都非常小。从火星表面看火星的卫星，它们的大小不足以遮挡住太阳，因而在火星表面不可能发生地球上日全食那样的天象。火卫一经过太阳的前方时，只能遮挡住太阳的 $\frac{1}{3}$，整个过程持续 19 秒，这个现象称为"火卫一凌日"。

火星上的"运河"

一位意大利天文学家还发现火星的表面有几条暗色的线条，这引起了人们的广泛猜想，认为可能是火星表面的水道，甚至解释为人工开凿的运河。"运河"这个词，暗示着火星上存在着高级的生命，人们想象在火星上有水、植物，还存在着智慧的生命，于是大量的科幻作品产生。这个浪漫的设想，一直延续到 1948 年，人们利用加利福尼亚帕罗玛山天文台建造的直径5 米的望远镜仔细观察火星，发现那些"运河"并不存在。

小贴士

所谓的"运河"，原来是火星上的沙尘在季风的带动下，大范围移动所造成的。

人类航天器造访火星

　　1965 年，人类第一次依靠水手四号探测器获得了火星表面的图像，开始近距离观测火星，对火星的认识进入了航天时代。火星被认为是太阳系中地球之外最有可能存在生命的地方，所以一直是探测活动的热点。

　　中国的天问一号探测器于 2021 年抵达火星，祝融号火星车在火星的乌托邦平原开展了移动探测，这是我国的第一个行星际科学探测任务。

天问一号探测器

天问一号探测器分为上下两层。下层叫作环绕器，只绕着火星飞，不会落到火星的表面上去；像飞碟一样的上层才会真正进入火星的大气层，然后在火星表面着陆。在降落的过程中，下方的大底和上方的背罩都被抛掉了，到了火星表面，真正稳稳落下来的是中间的着陆平台和火星车。

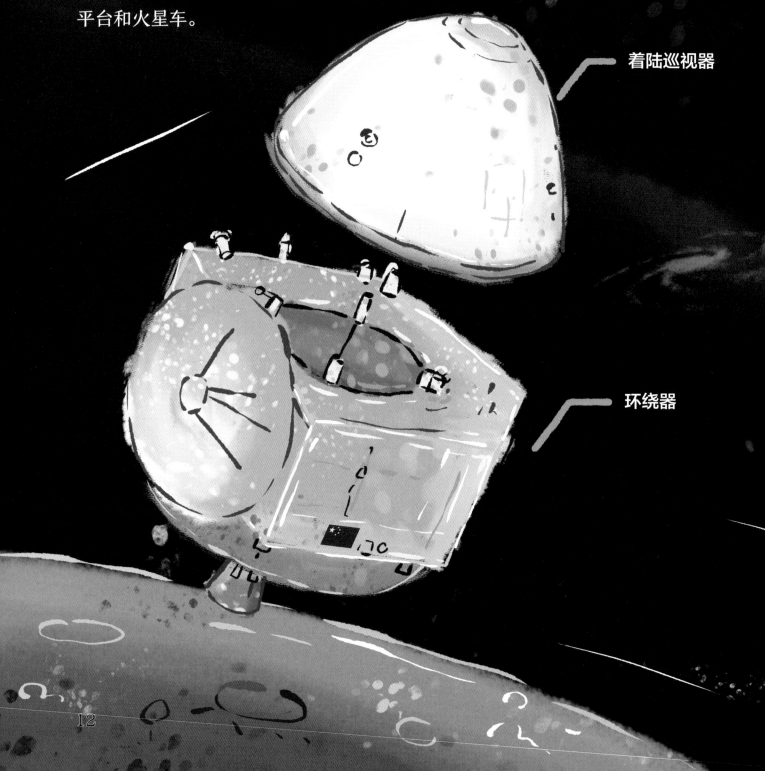

着陆巡视器

环绕器

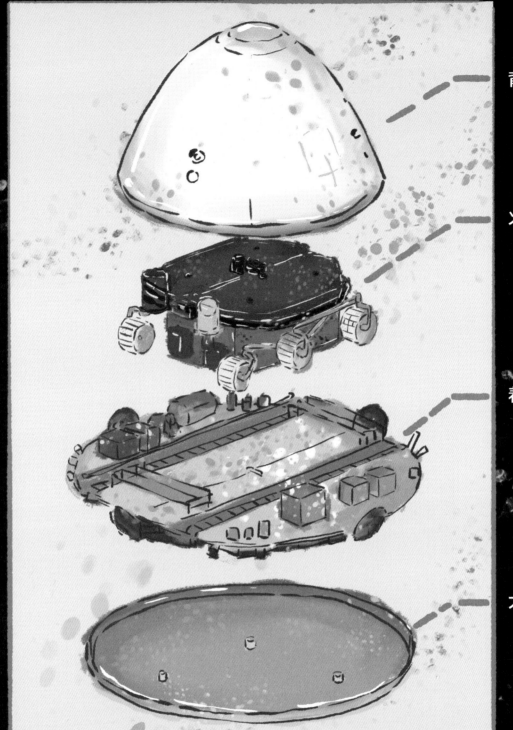

背罩

火星车

着陆平台

大底

小贴士

天问一号探测器进入火星大气的部分叫作着陆巡视器，被设计成飞碟的形状，是因为便于利用火星大气进行减速。

漂亮的火星车

屋顶方案

向后折方案

蓝闪蝶方案

设计师们为火星车的太阳能电池板设计过很多方案，最终的太阳能电池板是深蓝色的，展开后像蝴蝶的两对翅膀，两根天线向前伸出，就像是蝴蝶的触角，车体前方的两台圆柱形设备，模拟的是蝴蝶的复眼，不过六足被六个车轮代替了。

蓝闪蝶

小贴士

设计火星车的时候，首先有两个关注点：一是要适应火星恶劣的环境，还有一个是要满足重量等各方面的要求。此外，还希望火星车是漂亮的。

蓝闪蝶是生活在中南美洲的一种蝴蝶，长约15厘米，翅膀上呈金属的光泽。仔细对比一下，祝融号火星车的外形跟蓝闪蝶很像吧！

15

给火星车起名字

　　在火星车飞赴火星的路途中，有关部门组织了火星车征名活动。网友们纷纷出谋划策，祝融、哪吒、麒麟等是排名较靠前的名字，最后火星车以我国神话传说中的火神"祝融"命名，寓意点燃中国行星际探测的火种，不断超越，逐梦星辰。

小贴士

　　每次征集活动都会吸引众多网友参加。网友们为我国的探测器起了很多好听的名字，比如墨子号、悟空号、夸父号等，你知道它们都是用来探测什么的吗？

从文昌发射场出发

2020 年 7 月 23 日，长征五号运载火箭从海南文昌航天发射场出发，把天问一号送入奔赴火星的轨道。

长征五号运载火箭是 2.5 级火箭，意思是带有助推器的两级火箭。这枚液体火箭全长约 57 米，起飞质量约 870 吨，使用的推进剂是液氧、液氢和煤油。

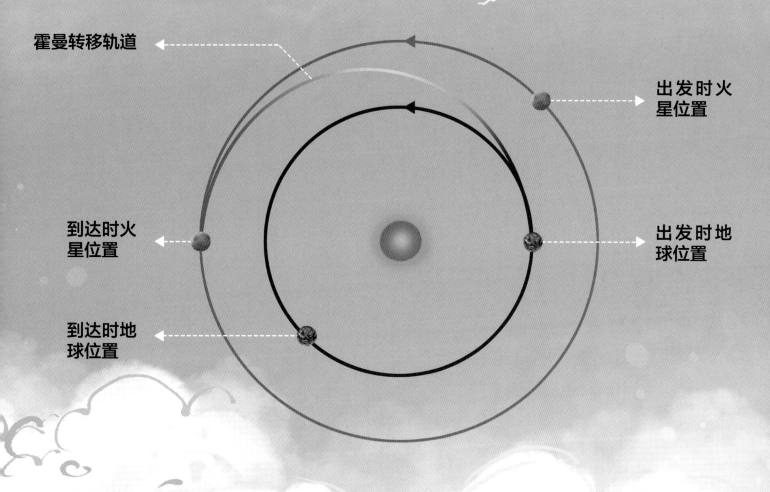

霍曼转移轨道

出发时火星位置

到达时火星位置

出发时地球位置

到达时地球位置

小贴士

　　去火星需要利用霍曼转移轨道。地球和火星都是在绕太阳公转，必须是在火星超前地球大约45度的时候出发，才能保证探测器抵达火星轨道的时候，火星恰好也跑到了那里。这样的时机每26个月出现一次，每次时间持续20天左右。

落在哪里好呢

凤凰号
（2008.05–2008.11）

奥林帕斯山

海盗1号
（1976.07–1982.11）

火星探路者&旅居者
（1997.07–1997.09

水手号峡谷

机遇号
（2004.01–2018

　　火星很大，着陆点选在哪里是一个很关键的问题。

　　光照是非常重要的因素。降落时有充足的光照才能够发现石块等障碍；充足的光照还有利于火星车在火星表面上完成更多的工作。

　　火星着陆时需要利用大气减速，选择更低的地点，就会有更长的距离用来减速，有利于安全着陆。

　　除了这些工程上的考虑之外，科学家还希望着陆在有可能产生科学新发现的地方。因此，各国选择着陆点时都会避开以前其他任务的着陆区域。

　　综合考虑这些因素，祝融号最后选择着陆在火星的乌托邦平原。

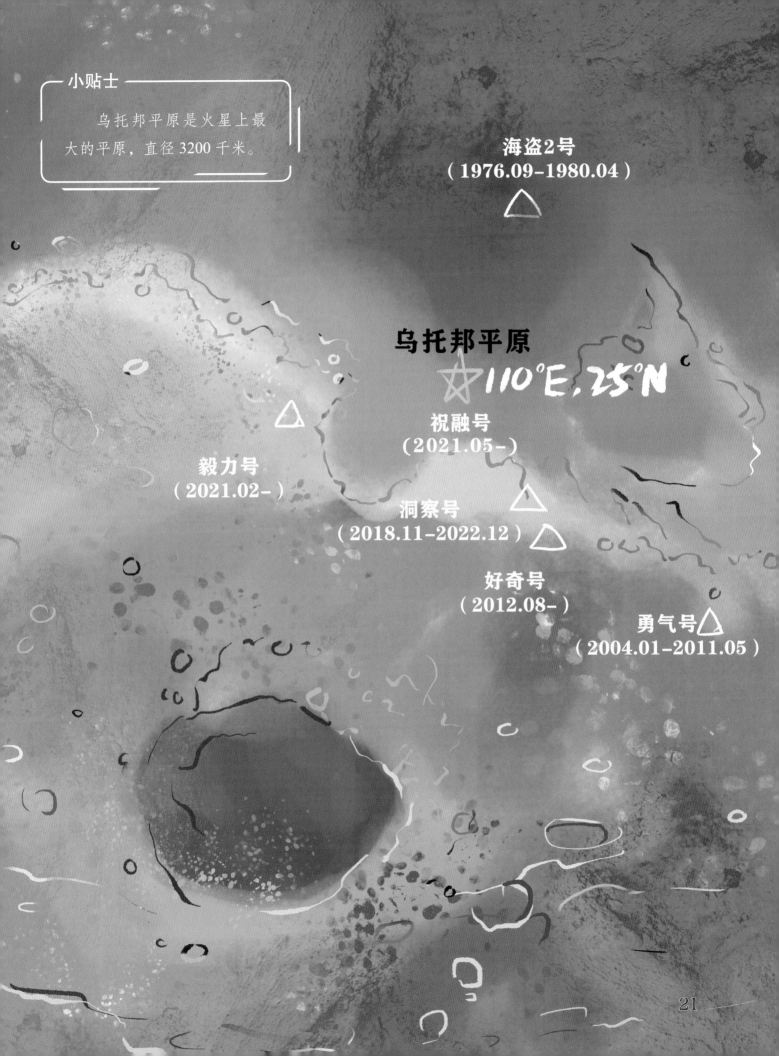

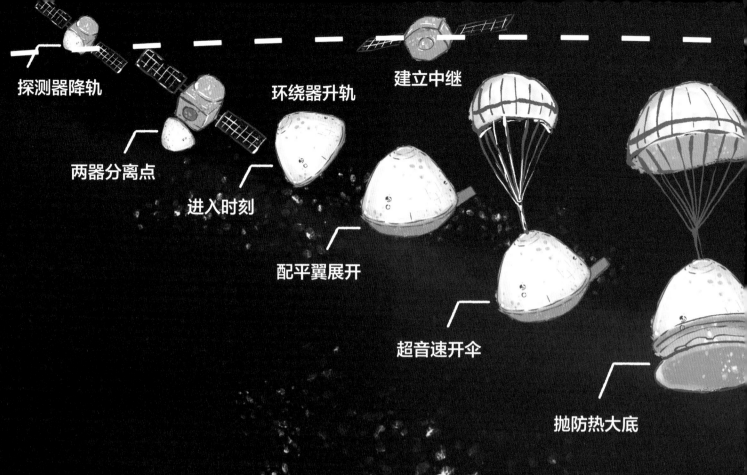

探测器降轨

两器分离点

进入时刻

环绕器升轨

建立中继

配平翼展开

超音速开伞

抛防热大底

着陆腿展开
雷达开始工作

天问一号探测器从进入火星大气层，到安全着陆在火星表面，整个过程只有短短的 9 分钟，地面来不及干预，所有的决策都是探测器自主做出的。第一个阶段是气动减速段，也是最主要的减速阶段。进入火星大气时，直径 3.4 米的着陆巡视器的速度可达 4.8 千米每秒，经过大约 5 分钟的减速之后，速度降到约 400 米每秒。

接着，火星专用降落伞展开，速度进一步下降到 60 米每秒，并进入匀速下降阶段。

再继续，降落伞也完成了使命，着陆巡视器把大底和背罩抛掉，露出着陆平台和火星车。平台上的大推力发动机开始工作，进一步减速，高度为 100 米时速度基本降到零，便于着陆巡视器观察地面，寻找最安全的着陆地点。

最后，要靠四条着陆腿里的缓冲吸能材料，把着陆的冲击能量缓冲掉，保证着陆巡视器不侧翻，平稳着陆在火星表面。

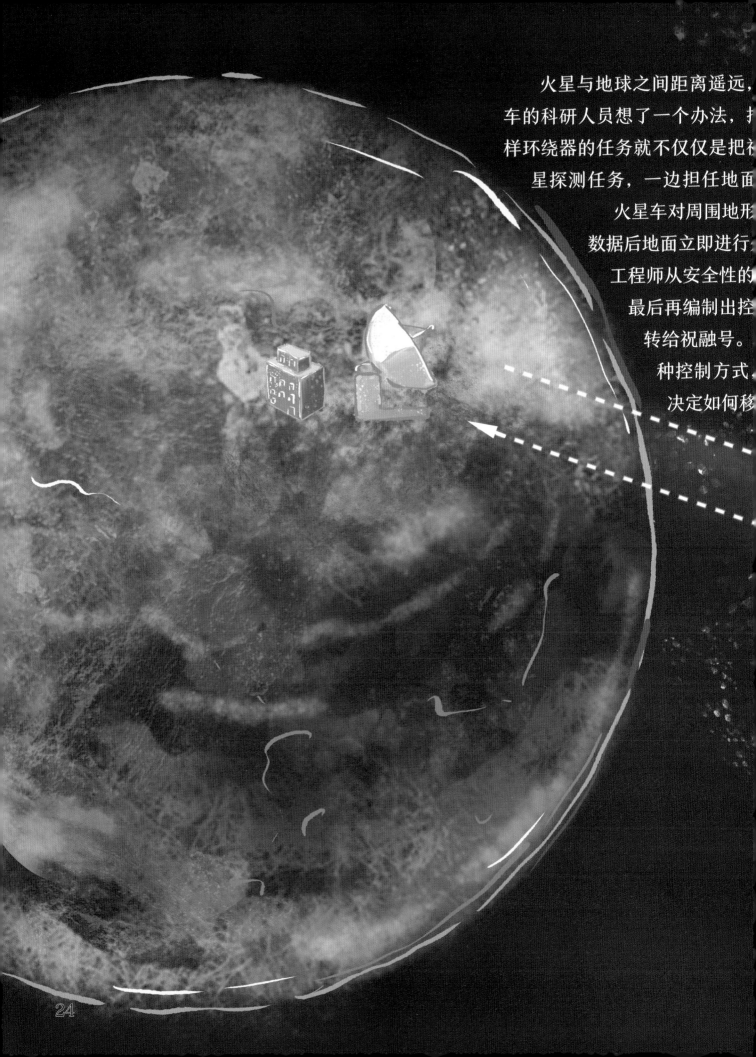

火星与地球之间距离遥远，
车的科研人员想了一个办法，把
样环绕器的任务就不仅仅是把衬
星探测任务，一边担任地面
火星车对周围地形
数据后地面立即进行
工程师从安全性的
最后再编制出控
转给祝融号。
种控制方式
决定如何移

小贴士

　　降落的时候，地火之间的通信延迟约17分钟，信号来回至少需要34分钟，而整个着陆过程只持续9分钟，天问一号探测器必须自主执行全部任务，不能依赖地面的指挥。

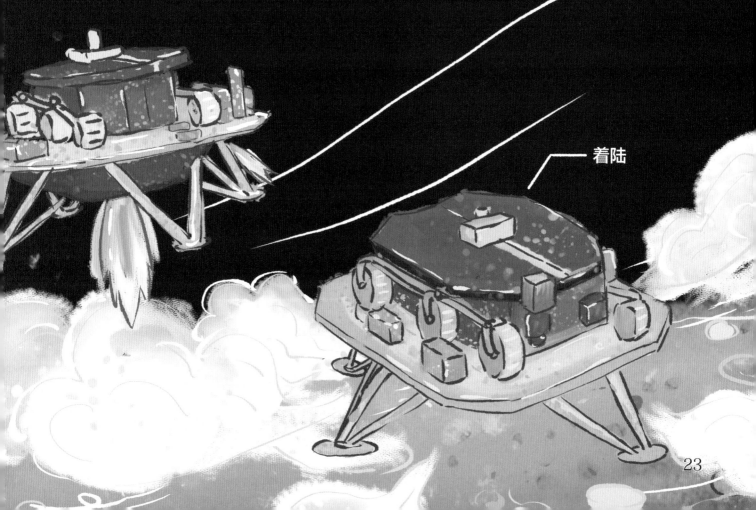

着陆

抛背罩

悬停成像

避障机动、缓速下降

它们如何进行数据传输呢？祝融号火星
把环绕器作为中继星，进行数据中继。这
祝融号送到火星，还要一边完成自己的火
与祝融号之间联系的"首席联络官"。
进行拍照，经过环绕器传输到地面，收到
处理，恢复成图像；科学家提出探测计划，
角度确认是否可以实施，确定行驶路径，
制祝融号的一系列指令，发往环绕器，再
祝融号移动时，既有按照地面指令前进这
也可以根据地面指定的目标位置，自己
动。

┌─ 小贴士 ─

环绕器并不是一直能够看到
祝融号火星车，科研人员需要仔
细安排环绕器的各项工作，每天
不同的时间完成不同的任务。

天问一号环绕器

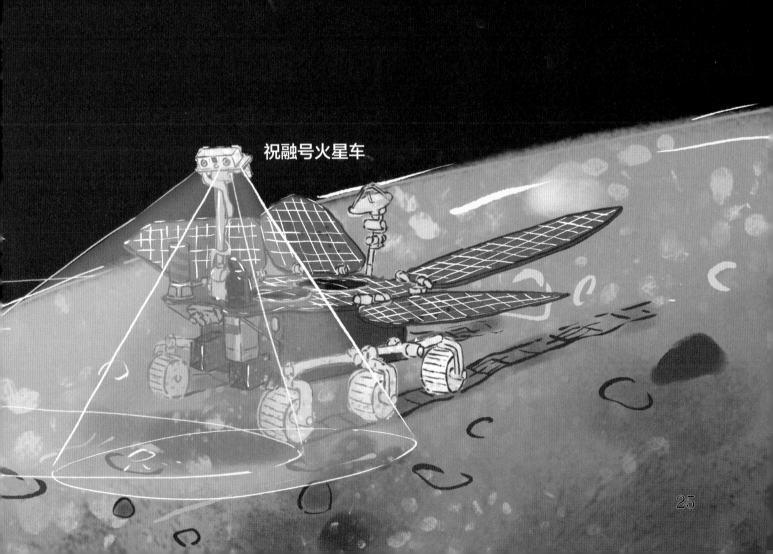

祝融号火星车

你好火星，我们来了！

　　祝融号是我国的第一辆火星车，质量为 240 千克。车体顶板上方安装了太阳翼和桅杆，到达火星表面之后，桅杆展开，然后向侧后方伸出的两片太阳翼一次性展开，驱动左右两侧太阳翼再展开，为祝融号及时提供能源补充。接着完成定向天线展开，把祝融号的健康信息尽快传到地面。最后车体抬升，对着陆点周围环境进行拍摄，利用图像得到地形图，决定火星车驶离着陆平台后的行驶路线。

　　祝融号闪亮登场，只见它轻舒深蓝四翼，一身金袍，昂首向前。它先勇敢地行驶到转移梯子上，然后稳健地行驶到火星表面。祝融号在火星表面留下了两道车辙，向世界宣布：火星，我们来了！

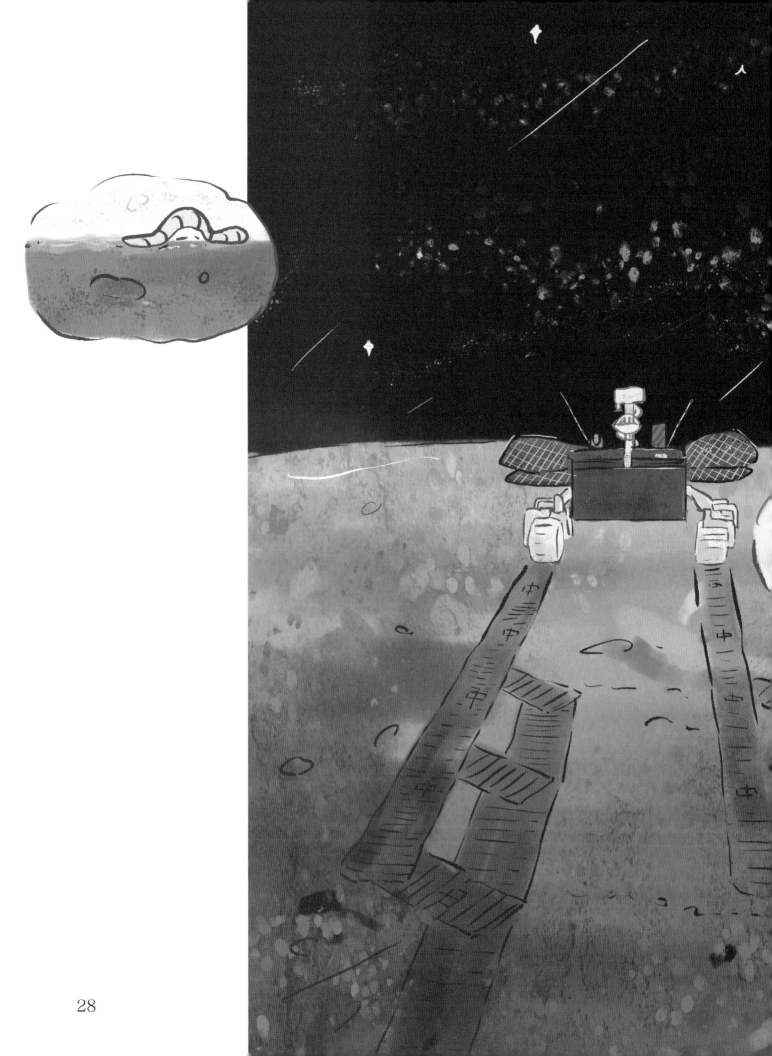

主动悬架

　　火星表面地形复杂，既有陡坡、大石块，也有松软的沙地。为了适应火星复杂的地形环境，祝融号使用了主动悬架技术，它是人类第一个地外天体主动悬架探测车。

　　祝融号的六个车轮都可以独立转向，这使得它具备蟹行运动的能力，也就是能像螃蟹一样横着走。上陡坡的时候，它可以斜向行驶，好处是可以避免后轮踩着前轮的车辙，六个车轮在坡面上形成六道平行的车辙，爬坡能力大大提高。

　　遇到石块障碍比较高的情况时，祝融号可以利用主动悬架将车体抬高；在遇到难以通过的软土沙地时，特别是车轮发生较大沉陷无法顺利通过的时候，还可以像小虫子一样蠕动脱困。

小贴士

　　在汽车领域，普通小汽车一般采用被动悬架，但是有一些高级的越野车，遇到复杂地形时，可以把整车底盘提高，便于越过障碍，这就是应用了主动悬架技术。

祝融号的保温"法宝"

祝融号火星车在白天午后经历的最高气温是 -15 摄氏度左右，夜晚气温则会降到 -90 摄氏度。如果不采取措施，祝融号的温度也会随之剧烈波动，这种温度波动会使祝融号上的电子设备很快损坏。为了保护它，设计师们想了两个办法。

一是在祝融号上设计了两个能量收集装置，就是顶板上面像双筒望远镜的设备——集热窗。两个卵圆形窗口上绷着一层膜，白天阳光可以照进去，晚上这层膜对车内发出的红外线来说是不透明的，也就是能量只能进不能出，使得祝融号可以最大限度地收集能量。

那怎么储存能量呢？如果只是阳光进去之后加热了设备，使温度升高，到了晚上不就又凉了吗？所以，还需要有储存热量的能力。设计师们在这层膜的下面放了十个"酒瓶子"，白天吸收阳光，"酒瓶子"里的固体就会变成液体。到了晚上，"酒瓶子"里的工质从液体又变回固体，在凝固的过程中放出热量，保证祝融号的温度不会下降。

另一个办法就是为祝融号设计了一件特殊的"棉服"，是用气凝胶做的。气凝胶这个材料有两大特点：一是轻，二是隔热效果好。

有了集热窗和气凝胶这两大"法宝"的加持，火星车就可以在火星表面正常工作了。

太温暖啦！

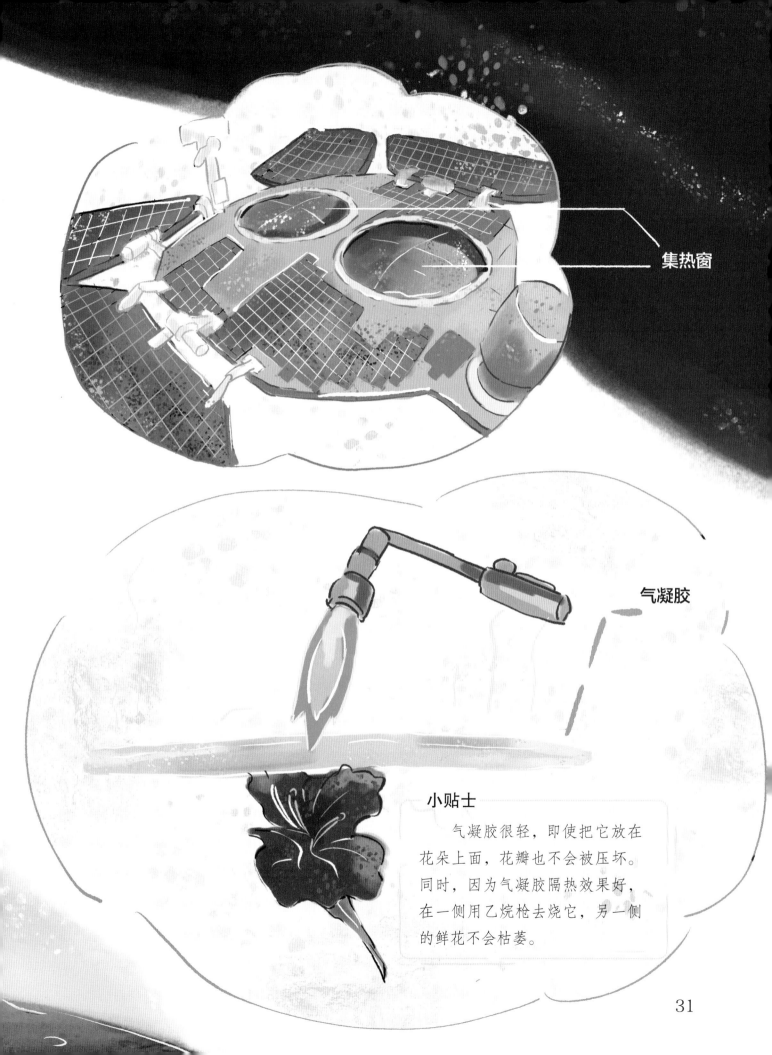

集热窗

气凝胶

小贴士

气凝胶很轻，即使把它放在花朵上面，花瓣也不会被压坏。同时，因为气凝胶隔热效果好，在一侧用乙烷枪去烧它，另一侧的鲜花不会枯萎。

太阳翼除尘

祝融号火星车在火星表面工作，不可避免地会受到火星尘的影响。为了降低火星尘沉积对火星车太阳能电池发电的影响，设计师们考虑过多种除尘方法，最后借鉴自然界荷叶的疏水原理，决定在电池片上增加超疏基微观结构。这些结构的尺寸比火星尘颗粒的尺寸还要小，火星尘与之接触时就相当于与一个纳米级的"针床"接触，而不是与一个平面接触，这样就大大减少了火星尘颗粒与电池片之间的接触面积，从而减弱了它们之间的附着力，使灰尘不易沉积，即使沉积也更容易清除。

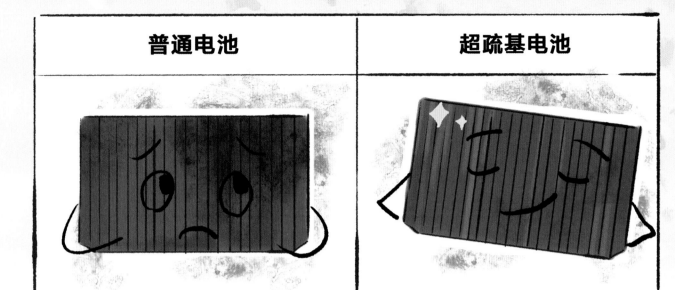

小贴士

夏季观察荷叶上的水珠，可以发现荷叶并没有被水浸润，荷叶随风摇曳的过程中，水珠可以很容易滚落。

"超强大脑"

设计师们为祝融号火星车配备了"超强大脑"，让它的自主功能变得很强大。如果发现某台设备工作不正常，可以切换到备份设备，也可以暂停该设备的工作；到通信的时段了，可以自己计算环绕器将在哪个方向升起，飞行速度有多快；移动过程中遇到困难，会进入安全模式；工作过程中，发现温度有点低，会自己启动加热器；感知到能源不足，会减少不必要设备的工作，更严重的情况会自主休眠，等待电能充足、温度合适时再重新开始工作。

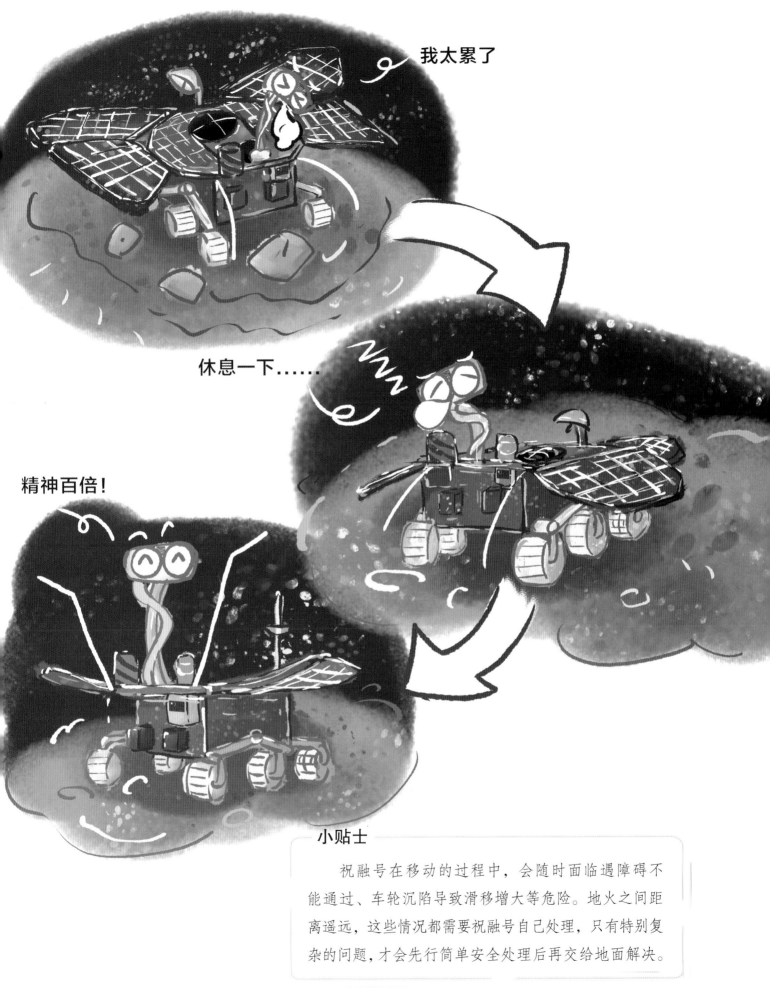

小贴士

祝融号在移动的过程中，会随时面临遇障碍不能通过、车轮沉陷导致滑移增大等危险。地火之间距离遥远，这些情况都需要祝融号自己处理，只有特别复杂的问题，才会先行简单安全处理后再交给地面解决。

祝融号上的探测"利器"

祝融号火星车上搭载了六台科学载荷：

火星表面成分探测仪是祝融号上最复杂的探测仪器，它可以对着岩石打出激光，确认岩石的种类及元素组成。

多光谱相机位于桅杆云台正中间，选择拍摄不同光谱段的照片，就知道了岩石的成分。

导航地形相机也位于云台之上，两台相机构成双目立体相机，有点像人的眼睛。祝融号附近的火星表面大场景彩色图片都是由导航地形相机拍摄的。

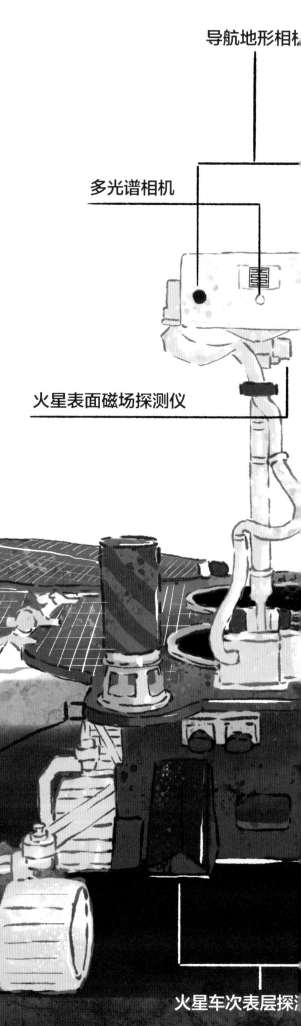

导航地形相机

多光谱相机

火星表面磁场探测仪

火星车次表层探测仪

火星车次表层探测雷达可以穿透10~100米深度的土壤，用来探测火星土壤的地下分层和厚度。

　　火星表面磁场探测仪用于检测磁场，两个探头安装在桅杆根部和中部。

　　火星气象测量仪用于监测气温、气压、风向、风速，还有声音的变化情况，相当于把气象站搬到了火星表面。

火星气象测量仪

火星表面成分探测仪

小贴士

　　祝融号上的各种探测仪器获取了大量数据。科学家研究之后发现，祝融号工作的地方有水活动的迹象；通过研究沙丘的形状，还推断出风向的变化。

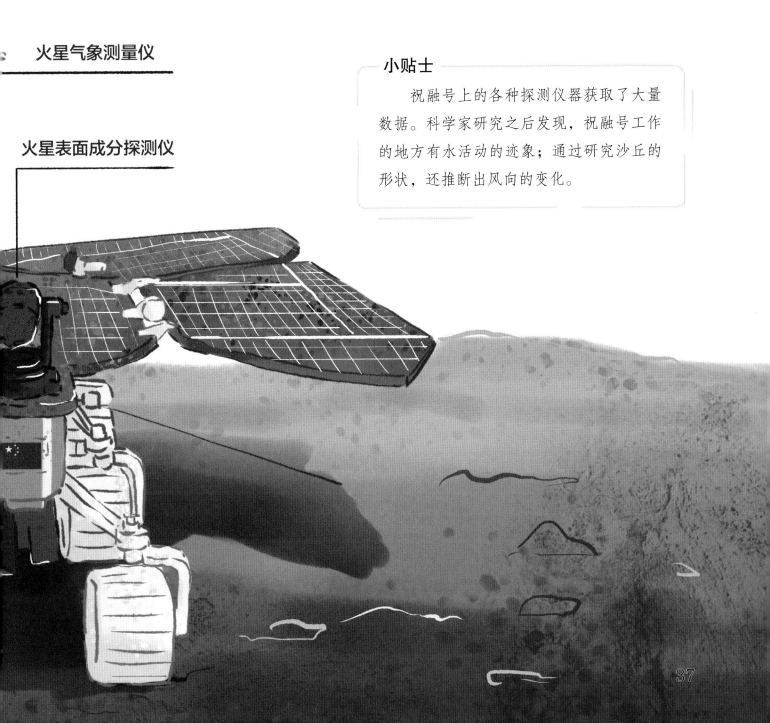

"下蛋"自拍

　　祝融号还给自己拍摄了一张自拍照，它是怎么拍的呢？

　　设计师们在祝融号的腹部安装了一台相机。祝融号先向前走了 5 米多，把相机释放，让它掉到地上，然后赶紧往后退，退到 5 米多的时候，形成了这张自拍照。接着再继续往后退，退到更远的位置，与着陆平台又拍了一张合影。

相机

咔嚓！咔嚓！

车轮上的"中"字

在祝融号火星车的两个后轮上，设计师们特意留下了两个汉字"中"，目的是观察车轮的沉陷与滑移情况。车轮周长是 1 米，仔细观察祝融号行驶后留在火星土壤上的车辙，发现有的时候土壤很硬，车辙不明显，有的时候车辙的深度会达到 15 毫米。沿着车行进的方向，"中"字之间的距离是 1 米，意味着祝融号行驶正常，如果距离只有 0.5 米，那就说明祝融号很可能已经发生了沉陷，十分危险。

土壤较硬	土壤较软

沉陷啦！救救我……

0.5米

小贴士

汉字那么多，为什么选择"中"字，相信大家都明白。设计师曾经开玩笑地说，那是因为车轮设计师的老家在河南。

独特的九叠篆车标

在祝融号额头的位置，设计师们特意安装了一枚车标。在设计车标之初，设计师们就希望能够把中国文化元素表现出来，带到火星。曾经想放一个中国结，但又觉得把中国结放在额头上，似乎并不合适。有个小朋友建议画个"王"字，受他的启发，设计师们决定放个火星的"火"字。

最开始，设计师们将目光聚焦在甲骨文的"火"字上，因为甲骨文是汉字的源头和中华优秀传统文化的根脉，寓意五千年的文明历史等。但是这个字经常被误读作"山"，解释起来太困难，就改用了九叠篆的"火"字。

小贴士

车标的创意来源于在黑龙江海林出土的一枚印章，里面有一个"火"字。把这个字提取出来，进一步美化处理，就形成了这枚火星车的车标。

不好，不好……

九叠篆

43

祝融号"冬眠"

2021年9月下旬开始，环绕器和火星车都进入日凌阶段。这时候火星、地球分别处于太阳的两侧，太阳的强大能量导致探测器无法收到地面的指令，也无法将探测数据传回地球。

日凌之后，祝融号继续向南行驶。截至2022年5月18日，祝融号在火星表面累计行驶了1921米，这时火星的北半球已经进入冬季，沙尘也变得越来越严重，太阳每天懒懒地升到半空就开始下落，气温变得更加寒冷，祝融号的能源不足以支持其继续工作了，只能转为休眠状态。

日凌

怎么联系不到地球了？

小贴士

　　休眠后的祝融号在等待两个条件同时满足时自主唤醒，一是太阳翼发电足够，足够的意思是既满足唤醒后祝融号工作的需要，还要有一部分富余的能量给蓄电池充电，保证夜晚的需要；二是蓄电池的温度适宜，如果蓄电池温度太低，有电也充不进去。当然也存在由于电池片上灰尘太多，这两个条件无法同时满足的可能性，那样祝融号就无法唤醒了。

火星采样返回

　　人类通过历次火星探测任务逐渐加深了对这颗红色星球的认识，但是至少还有两个领域，人类并没有真正涉及：一个是对火星内部结构的研究，在火星表面不同位置安装若干震动测量装置，或者是人工制造震动，或者是在陨石撞击的时候，观测地震波传播的情况，然后反演出火星内部的结构；第二个就是把火星表面的土壤、岩石样本采回，在地球实验室里面进行更详细的研究。

小贴士

火星无人探测的下一个目标是采样返回，多个国家宣布计划在十年之内实施。

目前规划中的火星表面采样任务都不是一次发射任务，而是由两枚或者更多火箭发射多个探测器，协同完成落到火星表面、采集样品、发射升空、样品转移、返回地球并再入等一系列复杂的动作。

载人火星探测

　　尽管无人火星探测取得了很多成功，未来也必将继续发展，但是仍然有一些工程技术人员和科学家对载人火星探测任务情有独钟。不可否认，人类到达另一颗行星，甚至在火星长期生存，成为行星际物种，确实是一件激动人心的事情。

　　继续发展，将会进入火星资源开发阶段。例如，利用二氧化碳、水等火星本地资源，在火星表面生产从火星返回所需要的火箭发动机化学推进剂，甚至开始开发火星的矿产，供移民使用。

小贴士

　　现如今，有一个被广泛讨论的话题：继续探索火星，到底是机器人合适还是人合适？支持机器人方案的观点认为，没有什么科学问题的研究，一定需要人类亲自到达火星表面才能完成，而且使用机器人所需要的经费比载人火星探测肯定要低得多。支持载人火星探测的研究人员更多强调的是人类的智慧，认为只有把人类送到火星的表面，才能够更深入地研究火星。你支持哪种观点呢？

去火星旅行

也许有朝一日我们可以去火星旅行，很多美丽的火星风光等待着我们去实地体验。

维多利亚陨石坑，坑直径约为800米，深度约为60米，躺在坑底，你可以感受到陨石撞击时的激烈，体会火星变迁的沧桑。火星的金字塔是一处被流质沉积物覆盖的山形地带，是比埃及的金字塔更壮观的大自然奇观。

另外，地月凌日机会难得，一大一小两个黑点从日面上划过，整个过程持续几个小时，大一点的是地球，小一点的则是月球。这样的天象下次出现的时间是2084年，这是在地球上无法见到的奇观。

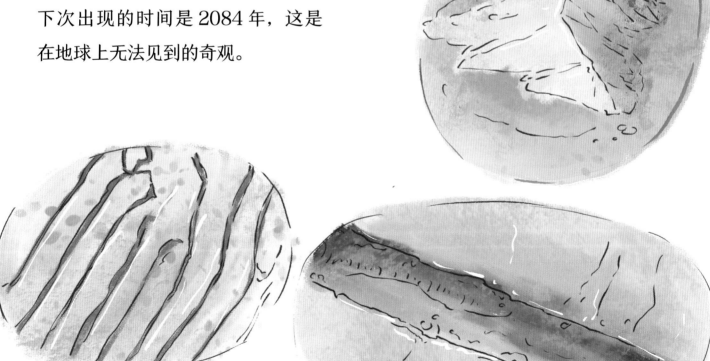

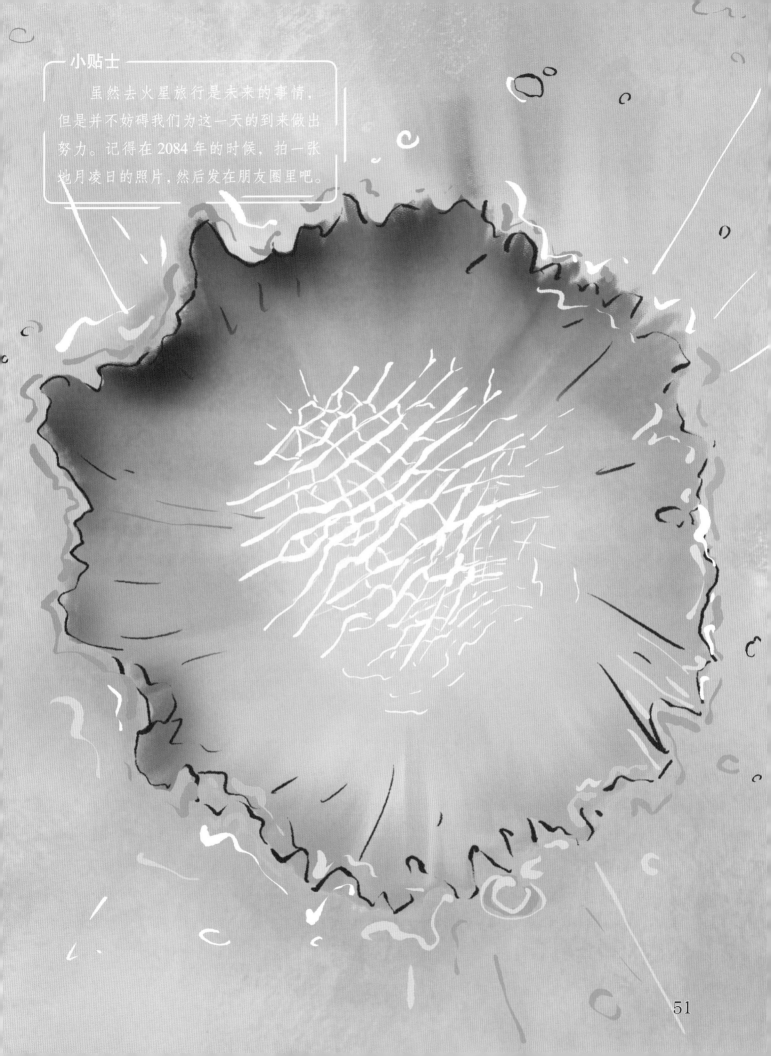

小贴士

在深空探测任务中，人类探索的脚步越走越远，认知越来越深，同时人类也越来越认识到自己的渺小以及与自然和谐共处的重要性。

为什么探索火星

人类早期深空探测带有较强的政治目的，但随着时代的发展，现在它的使命可总结为"探索宇宙未知、服务人类文明"。探索火星的意义，就在于为人类增加一个视角，从这个视角看火星、看地球、看太阳系，甚至整个宇宙，包括审视人类自身。